ESSAI

SUR LES PROBABILITÉS

DU

SOMNAMBULISME

MAGNÉTIQUE,

Pour servir à l'Histoire du Magnétisme Animal.

Par M. F***.

À AMSTERDAM;

Et se trouve à PARIS

Chez les Marchands de Nouveautés,

1785.

ESSAI

SUR LES PROBABILITÉS

DU

SOMNAMBULISME

MAGNÉTIQUE.

DE toutes les nouveautés que la pratique du *Magnétisme animal* offre à la curiosité publique, la plus intéressante est, sans contredit, le *Somnambulisme magnétique*.

On désigne, par ces termes, un état mitoyen entre le *sommeil* & la *veille*, qui participe de tous les deux, & produit aussi un grand nombre de phénomenes qui n'appartiennent ni à l'un ni à l'autre.

Le malade réduit en *Somnambulisme* n'en

tend rien de ce qui se passe à côté de lui : immobile au milieu des plus grands mouvemens, il semble séparé de la nature entiere, pour ne conserver de communication qu'avec celui qui l'a mis dans cet état.

Celui-ci a acquis (par le seul fait de la *Magnétisation*) un *rapport intime* avec le malade; à l'aide d'une espece de levier invisible, il le fait mouvoir à son gré ; & telle est la force de son empire, que non seulement il s'en fait entendre en lui *parlant*, & par *signes*, mais encore par la seule *pensée* ; & ce qu'il y a de plus étrange, c'est que le *Magnétiste* peut communiquer sa propriété à d'autres personnes, par le simple *contact* ; & dès ce moment la communication se continue entre le Somnambule & son nouveau directeur.

Le malade étant mis en *Somnambulisme*, il se fait chez lui une désorganisation qui rompt l'équilibre de ses *sens*; de maniere que les uns éprouvent une dégradation extrême, lorsque certains autres acquièrent un degré prodigieux de subtilité.

Ainsi, chez quelques-uns l'*ouïe* se perd ou s'affoiblit, lorsque la *vue* devient d'une pénétration prodigieuse; chez d'autres, la priva-

tion de la *vue* & de l'*ouïe* est compensée par
une délicatesse incroyable du *toucher* ou du
goût.

Chez plusieurs, un sixieme *sens* semble se
déclarer, par une extension extrême de la
faculté *intellectuelle*, qui surpasse la portée
ordinaire de l'esprit humain.

En un mot, les phénomenes que présente
l'état de Somnambulisme, offrent chaque jour
de nouveaux sujets d'étonnement pour ceux
mêmes auxquels ils devroient être le plus
familiers.

Il reste à savoir si toutes ces prétendues
merveilles sont aussi réelles qu'on veut le
faire croire, & si au contraire ce ne sont
point des illusions entretenues par la mau-
vaise foi des uns, & la crédulité des autres.

Car on sait bien que l'esprit humain, porté
naturellement au merveilleux, saisit avec empressement tout ce qui flatte son goût ; &
l'on ne manque pas d'esprits exaltés qui employent ensuite leur chaleur & leurs talens
pour réaliser leurs chimeres.

Parmi les personnes qui ont été témoins des singularités du *Somnambulisme
magnétique*, il y en a une partie qui, frap-
pée d'étonnement & d'admiration, a fini

par lui donner toute sa croyance, & l'a regardé comme une preuve irréfistible du *Ma-*
gnétifme animal.

D'autres, après s'être convaincus de la réalité de ces phénomenes, ont néanmoins con-
fervé leur incrédulité fur la caufe à laquelle
on les attribuoit; ils ont mieux aimé fuppofer qu'il y avoit dans cette affaire quelque reffort fecret qui produifoit adroitement
l'illufion ; & quoiqu'ils ne parvinffent pas à
comprendre ces moyens d'intelligence, ils
en ont néanmoins fuppofé l'exiftence, alléguant pour exemple ces tours d'adreffe avec
lefquels un fubtil Phyficien étonna tout Paris
pendant plufieurs années.

A l'égard des *Savans, Médecins* & *Phyficiens,*
ils ont, pour la plupart, dédaigné de fe rendre
témoins des effets du *Somnambulifme magné-*
tique : fur le prétexte qu'il leur fuffifoit que
ce phénomene choquât les notions reçues en
Phyfique, en Phifiologie, ils ont regardé ces
prétendues merveilles comme autant de
chimeres indignes d'un examen férieux.

On a même vu un Corps favant inter-
dire à fes membres toute incertitude fur ce
point, & exclure de fon fein ceux d'entre

eux qui s'étoient livrés à l'étude de cette nouveauté (1).

Cependant, d'un autre côté, le *Somnambulifme magnétique* acquiert de jour en jour plus de confiftance ; une multitude de perfonnes diftinguées par leurs lumieres, leur probité, l'excellence de leur jugement, & leur fagacité, atteftent la réalité du *Somnambulifme magnétique* ; & cette contrariété d'autorités refpectables de part & d'autre, laiffe en fufpens la partie du Public qui attend, pour fe décider, que la matiere foit mieux éclaircie.

Les réflexions fuivantes pourront fervir à préparer l'opinion des perfonnes impartiales, fur ce qu'on doit penfer du *Somnambulifme magnétique*.

Pour remplir cet objet avec plus de fuccès, je crois qu'il eft néceffaire de divifer cette difcuffion en trois parties.

Le premier point à examiner eft de favoir fi effectivement le Public a été témoin de phénomenes de quelque importance, dignes d'exciter fa curiofité, & qui méritaffent qu'on en recherchât la caufe.

---

(1) Décret de la Faculté de Médecine de Paris, du 23 Octobre 1784, contre fix Médecins de la Faculté.

2°. En fuppofant que les effets dont il s'agit valuffent la peine d'être approfondis, il faudra voir s'ils ne peuvent point raifonnablement être foupçonnés d'*artifice*.

Enfin, en admettant que l'artifice foit impoffible à découvrir, il nous reftera à examiner s'il eft vrai qu'ils foient en contradiction avec les notions communes.

§. Ier.

Les Phénomenes du Somnambulifme magnétique font-ils de nature à mériter la curiofité du Public & des Savans ?

Il eft aifé, je crois, d'entendre l'objet de cette queftion ; je veux dire, qu'avant de nous donner la peine d'examiner fi le *Somnambulifme magnétique* eft une illufion, ou une vérité, il faut établir qu'il exifte (au moins en apparence) des fingularités de telle nature, qu'elles intéreffent le bien public & le progrès des Sciences.

Il y a beaucoup de perfonnes qui feroient en droit d'en douter, parce qu'elles n'ont pas eu occafion de s'en rendre témoins ; elles font autorifées à demander , qu'avant de paffer aux deux autres propofitions, on leur affure le fait, « qu'il exifte, foit à Paris, foit en » Province, ou par-tout ailleurs, des per- » fonnes frappées d'un état de *fommeil* , » pendant lequel elles offrent les phéno- » menes qu'il eft queftion d'examiner ».

Car s'il n'étoit pas bien certain que ce fpectacle eût lieu nulle part, ce feroit perdre du temps d'examiner quel en peut être le principe.

C'eft donc une obligation préliminaire à toute autre, de bien établir l'exiftence des *Som- nambules magnétiques* , *vrais* ou *faux*.

Ce point a été pendant long-temps la matiere de l'incrédulité générale ; on nioit tout nettement qu'il y eût nulle part de pareils individus , & l'on regardoit le récit que quelques perfonnes avoient fait à ce fujet, comme de pures fables deftinées à fervir d'amufement.

Le premier écrit qui parla des *Somnam- bulifes* , fut , fi je ne me trompe , une Lettre de M. Cloquet, Payeur des Rentes à *Soif- fons* , qui , racontant ce qu'il avoit vu au traitement de *Buzanci* , laiffa échapper quelques traits qui caractérisoient le *Somnambulisme magnétique*.

Depuis cette Lettre, un homme de qualité, dont il est impossible de soupçonner la candeur, a consigné dans un écrit, intéressant à tous égards, des phénomenes qu'il avoit observés au traitement de Buzanci, bien plus étonnans encore que ceux dont M. Cloquet avoit donné l'esquisse.

La lecture de cet Ouvrage ayant inspiré à des personnes de la plus haute considération le desir d'être témoins d'un pareil *Somnambulisme*, l'Auteur de l'Ouvrage en question eut occasion de leur procurer cette satisfaction dans le courant de l'hiver 1785.

Plus de cinq cents personnes ont été à portée d'assister à ces phénomenes *vrais ou simulés*, dont les papiers nationaux, même les papiers étrangers n'ont pas manqué de parler. Ces *Somnambules* ont été soumis à des épreuves multipliées, qui ont eu plus ou moins de succès.

Indépendamment de ceux dont je parle, plusieurs autres se sont formés, soit à *Paris*, soit dans les *Provinces* : l'exemple de ce Somnambulisme ayant engagé les *Magnétiseurs* à s'attacher à cette partie du Magnétisme, ils y ont apporté d'autant plus de zele, que cet état paroiſſoit un acheminement à la guériſon ; ainſi, l'intérêt du *Magnétiſme* & celui du malade ſe réuniſſant pour préférer ce procédé, il eſt devenu l'objet des tentatives de tous les Magnétiſtes, & il n'y a pas eu de traitement où l'on ne ſe piquât d'en montrer plus ou moins perfectionnés.

Enfin, le rapport de MM. les Commiſſaires nommés par le Roi pour l'examen du Magnétiſme animal, fait mention de ce *Somnambuliſme*, comme de la choſe la plus conſtante & la plus extraordinaire.

On ne peut donc, quant à préſent, douter un moment qu'il exiſte des individus frappés d'un *Somnambuliſme* apparent ; & ſi j'ai commencé par établir cette queſtion, c'étoit pour procéder méthodiquement, en marchant d'après des faits conſtans & notoires, qui puſſent me conduire à des conſéquences infaillibles.

Tenons donc pour certain, pour inconteſtable, qu'il exiſte, tant à Paris que dans les Provinces, dans les traitemens publics, & dans les maiſons particulieres, des *Somnambules* prétendus, qui offrent aux yeux des ſpectateurs des phénomenes merveilleux,

A préfent il eft queftion dē favoir ce qu'il faut penfer de ces *Somnambules* ; fi ce n'eft point un état *fimulé*, à l'aide duquel ils cherchent à féduire la crédulité de ceux qui les environnent.

§. I I.

Quel degré de croyance peut - on ajouter aux Somnambules magnétiques ?

Parmi les Somnambules dont je m'oc-cupe ici, je ne comprends point cette multitude d'hommes ou de femmes du peuple qu'on rencontre dans les traitemens, & qui peuvent raifonnablement être foupçonnés de jouer le *Somnambulifme*, par *imitation*, ou pour fe rendre intéreffans, ou par tout autre motif.

C'eft un malheur attaché aux bonnes chofes de n'être jamais confervées dans leur pureté, & de ne pouvoir échapper au mélange que la malice ou la cupidité ne manquent pas d'y introduire.

Ceux qui, par prévention ou par intérêt, cherchent à difcréditer la découverte, ont foin de l'examiner du côté par lequel elle offre l'apparence de charlatannerie , & ils ne manquent pas de l'offrir au Public fous ce point de vue.

Mais ceux qui défirent de bonne foi s'éclairer , ne donnent à cette confidération qu'une très-modique valeur , & laiffant de côté le charlatanifme & les exagérations du peuple, ils pénetrent jufqu'au principe. C'eft ainfi qu'un Botanifte qui veut fe procurer l'*amande* d'un fruit pour en connoître la vraie qualité, n'en eft pas détourné par la pourriture des chairs qui l'accompagnent; mais élaguant avec courage les fuperfluités dégoutantes , il va droit au *noyau* qui doit fervir à fon étude.

Voilà auffi comment doit opérer tout homme judicieux qui cherche la vérité avec franchife , fans avoir intérêt ni deffein de l'efquiver.

Ecartons donc, fans ménagement, cette cohorte fufpecte de *Somnambules apparens*, pour nous arrêter à ceux qui, par leur exiftence civile, leur caractere, leurs entours, font à l'abri des foupçons, & chez qui d'ailleurs le *Somnambulifme* fe trouve accompagné du dernier degré de perfection.

Je dis qu'on doit choifir par préférence

ceux des malades chez lefquels le *Somnam-bulifme* paroît dans un *plus grand degré de perfection*, & je penfe que cette précaution eft effentielle.

En effet, plus le Somnambule eft *impar-fait*, plus il lui eft aifé de vous en im-pofer : s'il répond mal à vos fignes, s'il fuit vos mouvemens avec mal-adreffe & gaucherie, il fe tire d'affaire en alléguant qu'il n'eft pas encore arrivé à un *Somnambulifme* accompli; & l'obfervateur, qui conçoit qu'en effet un pareil état doit avoir fes degrés, eft tout dérouté, ne fachant s'il doit attri-buer les mauvais fuccès qu'il a éprouvés, à la mal-adreffe du *Somnambule*, ou à l'imper-fection de fon état.

Mais quand je me fixe fur un *Somnambule* qu'on me donne pour être *parfait*, il eft évi-dent que fa tâche devient pénible. Dans ce cas, plus d'excufe, plus de prétexte; l'ob-fervateur eft à fon aife, & le *Somnambulifme* fe trouve foumis à une épreuve qui doit faire fa honte ou fon triomphe.

On n'a pas manqué, cet hiver, de cette efpece de *Somnambules parfaits*, & entre ceux qui ont été foumis à mes expériences, il en eft *un* avec lequel je fuis refté pendant une demi-heure, & qui a exécuté devant moi, & à ma volonté, les mouvemens que je lui preſcrivois.

Livré à ma diſpoſition, ſans témoins, ſans contradicteurs, il n'eſt aucun moyen humain que je n'aye employé pour pénétrer la ſupercherie, s'il y en avoit; mais la rapidité de ſes évolutions, la préciſion de ſes mouvemens, une multitude de faits dont il ſeroit trop long de parler, déconcerterent toutes mes tentatives.

Pluſieurs autres expériences ayant ſuccédé vis-à-vis d'autres *Somnambules* auſſi parfaits, elles m'ont toutes donné le même réſultat.

Il y a dans Paris & dans les Provinces plus de ſix mille perſonnes qui ſont dans le même cas.

Or, pour détruire la conſéquence qui réſulte de pareilles expériences, il n'y a pas d'autre reſſource que de perſévérer à ſuppoſer que c'étoit une ſupercherie de la part des *Somnambules.*

Mais cette ſuppoſition entraîne les plus grandes difficultés, & offre des invraiſemblances plus révoltantes que le *Somnambuliſme* lui-même.

Pour admettre que les phénomenes en

queſtion ſoient le réſultat de la ſupercherie, il faut la réunion de deux conditions.

D'abord, que les *Somnambules* aient l'intention de tromper;

2°. Qu'ils en aient l'adreſſe.

Mais d'abord, il faut avouer que parmi les perſonnes qui ont été frappées de *Somnambuliſme*, & qui le ſont journellement, il y en a au-deſſus de tout ſoupçon; ce ſont des meres de famille reſpectables, des hommes graves, d'une probité connue, des gens ſimples, des enfans, auxquels on ne peut raiſonnablement ſuppoſer le deſſein ni l'intérêt de feindre une pareille ſituation.

Seroit-ce l'eſprit de parti & l'intention de donner quelque réalité apparente *au Magnétiſme animal?* Mais la plupart de ces perſonnes ne s'embarraſſent aucunement de la fortune du *Magnétiſme animal;* pluſieurs d'entre elles n'en avoient aucune idée au moment où elles ont été livrées au *ſommeil magnétique.*

Dira-t-on qu'il eſt poſſible que quelques-uns de ces individus ſoient encouragés ſecretement par les partiſans du *Magnetiſme*

animal, & qu'ils ne foient même qu'un inf-
trument entre les mains de ces derniers, pour
la réuffite de ce fyftême ?

Mais à quel propos les partifans du *Magnétifme animal* auroient-ils recouru à un ftra-
tagême auffi bizarre ? La fuppofition feroit, tout
au plus, admiffible fi le *Somnambulifme* avoit
été originairement annoncé comme un effet
néceffaire du *Magnétifme ;* de maniere qu'il
falloit renoncer au *Magnétifme animal*, fi on
manquoit de la reffource du *Somnambulifme:*
mais il n'en eft point ainfi.

Le *Magnétifme animal* s'eft annoncé, dans
le principe, fans être accompagné de *Somnambulifme.* Cette fingularité eft une découverte
poftérieure, qui eft réfultée de la pratique
habituelle du *Magnétifme ;* à préfent même
encore, il y a plufieurs Magnétifeurs très-
habiles, qui ne regardent point le *Somnambulifme* comme faifant partie effentielle du
Magnétifme animal, mais feulement comme
un *acceffoire* qui peut indifféremment fe joindre
au *Magnétifme*, ou en être féparé.

M. *Mefmer* lui-même m'a toujours paru
être de cette derniere opinion.

D'où il réfulte, que fi les partifans du *Magnétifme animal* avoient befoin d'une reffource

qui en imposât au Public , affurément ils auroient été bien mal-adroits de s'embarraffer (fans aucun befoin) d'une manœuvre auffi étrange , qui entraînoit une complication prodigieufe de refforts , & des difficultés infurmontables dans l'exécution.

Obfervez que par cela même que ç'eût été un *artifice*, il n'y auroit pas eu d'efpérance d'y faire entrer aucune perfonne honnête.

Il auroit donc fallu s'en tenir à des gens dépravés, pris dans la claffe la plus avilie, les admettre dans cette confidence, au rifque de la voir trahir & publier dès le lendemain. Ce n'eft pas tout encore, il auroit fallu trouver dans ces individus une adreffe inouie pour jouer ce perfonnage difficile , & tromper les épreuves d'un Public éclairé & foupçonneux, devant lequel il devoit paroître.

Si les chofes fe fuffent paffées ainfi, le *Somnambulifme* eût été de courte durée , & loin de s'accréditer par le temps , il auroit bientôt laiffé voir l'illufion & la fupercherie , par la difficulté de trouver des acteurs en état de perpétuer cette impofture.

Mais le contraire eft arrivé ; chaque jour le *Somnambulifme* acquiert des partifans;

&

& le crédit qu'il obtient contrarie toute idée de fupercherie.

On voit journellement des malades livrés à cet état, dans le fein de leur famille, fous les yeux de leurs parens les plus proches & les plus intéreffés à vérifier leur fituation.

Croira-t-on que ces malades, environnés des horreurs de la mort & accablés de fouffrances, fongent à jouer la *Comédie*, pour l'intérêt du *Magnétifme ?* Leurs parens, des pères, des maris, des époufes, des enfans font-ils de moitié dans le complot?

Dira-t-on qu'ils feignent la maladie ? C'eft une autre fuppofition auffi peu admiffible; car outre qu'il n'eft pas fi aifé de feindre une *fièvre maligne*, une *fluxion de poitrine*, *l'hydropifie*, & autres maladies de cette efpece, il y en a qui font fi bien avérées, qu'il y auroit du délire à les mettre en queftion.

Ajoutons ici une confidération, c'eft qu'en admettant qu'un homme en fanté pût fe réfoudre à jouer long-temps le malade, ou que le *malade* pût fe réfoudre à jouer le *Somnambule*, & que des perfonnes cachées derriere le rideau préfidaffent à cette momerie; je dis que la chofe feroit impoffible dans fon exécution, & que, quelque adreffe qu'on fup-

poſe de part & d'autre, la ſupercherie doit
ſe découvrir au bout de quelques heures.
Je défie le bouffon le plus délié, le plus
adroit, le mieux rompu aux exercices du
corps, de jouer le *Somnambuliſme* devant des
perſonnes éclairées, ni de rien exécuter de
ce qui s'obſerve chez les *Somnambules* dont
il s'agit. Je le défie de reſter pendant huit ou
dix heures les *yeux fermés*, les paupieres col-
lées, ſans que (pendant cet intervalle) une
paupiere ſe ſépare de l'autre. Une pareille
perſévérance me paroît au-deſſus de l'adreſſe
& de la patience humaines. Quel eſt l'homme
qui pourra demeurer pendant cinq ou ſix heures
dans une attitude immobile, ſans montrer
aucune ſenſation de ce qui ſe paſſe autour
de lui, inacceſſible à toutes émotions, &
aux éclats ſubits & imprévus avec leſquels
on ſe plaira de temps en temps à ſurprendre
ſon attention ? Quel Hiſtrion aſſez ſubtil
pourra jamais, les *yeux fermés*, ſuivre les
ſignes qui lui ſeront préſentés, & décrire
les lignes qui lui ſeront tracées avec une
telle juſteſſe & une telle rapidité, qu'il n'y
ait pas d'intervalle entre le commandement
& l'obéiſſance ? Il ne faudroit que quelques
expériences de cette eſpece pour démonter

le Saltimbanque le plus confommé , & le faire renoncer à fon entreprife au bout de *deux heures.*

Or, quand on voit tous ces effets répétés *conftamment*, fans aucun effort, par une multitude de perfonnes de tout fexe , de tout âge , & de tout rang, on eft néceffairement entraîné à reconnoître qu'elles agiffent par une impulfion naturelle, où l'*art* n'entre pour rien : car on fait que ce qui eft impoffible à l'*art* ne coûte rien à la *nature.*

Ainfi, les *probabilités phyfiques* fe réuniffent aux *probabilités morales*, pour établir la réalité du *Somnambulifme magnétique.* Nous ne pouvons rejeter le *Somnambulifme*, fans fuppofer une fupercherie auffi difficile à concevoir , & de quelque maniere que vous vous y preniez , il y aura toujours un phénomene ou *moral* ou *phyfique*; & j'avoue que le dernier coûte beaucoup moins à l'efprit que l'autre ; car je fais moins d'efforts pour concevoir un phénomene naturel , qui, après tout, eft fufceptible d'explication, que pour concevoir le complot d'une fupercherie auffi dénuée d'intéréts, de motifs , auffi compliquée dans fes refforts , & auffi impraticable dans fon exécution.

Mais il y a des perſonnes pour leſquelles de pareilles conſidérations ne ſont pas victorieuſes. Quelques difficultés qu'il y ait à faire réuſſir ces ſtratagêmes, elles ſuppoſent que cette adreſſe a.lieu, parce que, diſent-elles, dans les choſes qui bleſſent la raiſon, *l'autorité des témoignages eſt nulle.*

Cette impoſſibilité évidente ſert de retranchement à la partie du Public qui n'a pas vu les phénomenes en queſtion, & inſpire de la défiance à ceux qui les ont vus.

S'il ne s'agiſſoit que d'un fait *ordinaire*, qui s'accordât avec la marche de la nature, on convient généralement qu'il y auroit plus de preuves qu'il n'en faudroit pour le croire *ſur parole*, & ſans l'avoir vu. Mais pour un phénomene auſſi *peu naturel*, qui n'eſt ni *explicable*, ni *concevable*, qui renverſe toutes les notions reçues, on eſt autoriſé, non ſeulement à récuſer le témoignage d'autrui, mais même celui de ſes propres ſens; c'eſt d'après cela que l'on a entendu dire à pluſieurs Savans, « que quand ils le verroient ils ne ne le croiroient pas ».

Il eſt donc à préſent queſtion de voir s'il eſt vrai que le *Somnabuliſme magnétique* & les phènomenes dont il eſt accompagné, foient auffi inconcevables que ces MM. veulent le faire entendre.

§. I I I.

Les phènomenes du Somnambulifme magnétique font-ils contre l'ordre de la nature?

Les Phyficiens & les Médecins, en affectant la plus grande incrédulité fur le *Somnambulifme magnétique*, fous le prétexte que ce phénomene eft *inconcevable*, ne donnent pas une raifon fatisfaifante de leur incrédulité, parce que la difficulté dont ils argumentent, ne peut point entrer en concurrence avec les témoignages impofans qui s'élevent en faveur du *Somnambulifme magnétique.*

La difficulté de *concevoir* un phénomene n'en détruit pas la réalité; nous fommes environnés de merveilles naturelles dont perfonne ne s'avife de douter, quoiqu'on ne les puiffe pas comprendre; car on fait bien que le pouvoir de la nature a des bornes inacceffibles à la conception des hommes.

Mais, dira-t-on peut-être, « il s'enfuivra » donc de ce raifonnement, qu'on fera tenu

» d'ajouter foi à toutes les inepties qu'on
» entendra raconter , & de foumettre fa
» crédulité aux chofes du monde les plus
» bifarres; & ceux qui exigeront cette croyance
» en feront quittes pour invoquer le grand
» pouvoir de la nature & l'étendue de fes
» reffources.

» Avec cette maniere de raifonner , les
» Arts perdroient bientôt leurs regles , les
» principes feroient bannis des Sciences, pour
» faire place à des affertions effrontées, &
» nos connoiffances , au lieu de s'épurer &
» de s'étendre , retomberoient dans le chaos
» & la confufion ».

Mais cette objection ne me paroît pas ap-
plicable , puifqu'il ne s'agit point ici d'admettre un phénomene , fur la feule confidération *que tout eft poffible à la nature* ; il eft
au contraire queftion de foumettre à l'épreuve
de la *contradiction* , de *l'expérience* , & du *raifonnement* , un fait attefté par une foule de
perfonnes qui en ont été témoins *ocu-
laires*.

Ainfi , jufqu'à ce moment , la préfomption
refte encore en faveur du Somnambulifme ,
puifqu'étant appuyée fur les confidérations
les plus fortes , ces confidérations ne fe

trouvent point détruites ni affoiblies par l'in-vraisemblance prétendue qu'on leur opposoit.

Mais que seroit-ce donc si l'on venoit à découvrir que le *Somnambulisme magnétique*, au lieu d'offrir aux Savans un phénomene *inconcevable, incompatible avec les notions ad-mises en Physique & en Physiologie*, est au con-traire une conséquence de ces mêmes prin-cipes reçus, un accessoire des notions com-munes, avec lesquelles il se mélange & se concilie d'une maniere toute naturelle?

C'est ce que je me propose de faire voir; & pour procéder avec méthode, je vais exa-miner successivement les deux articles du *Somnambulisme magnétique* qui ont excité la réclamation des Médecins & des Physiciens; savoir; 1°. la facilité de mettre un malade en Somnambulisme; 2°. les phénomenes qui accompagnent cet état.

ARTICLE PREMIER.

La communication du Somnambulisme est dans l'ordre des notions reçues en Physiologie.

Il est assez singulier de voir les Médecins nier, avec chaleur, qu'il soit possible de mettre, par un art quelconque, un malade en *Somnambulisme*, lorsqu'on considere qu'une de leurs maximes est que l'art peut parvenir à imiter, dans le corps humain, toutes les révolutions naturelles. C'est sur ce principe que les partisans de l'*inoculation* s'appuyoient pour défendre la pratique & les succès de ce procédé.

Tous les Médecins conviennent que l'art de l'inoculation consiste à prévenir dans l'individu, par une indisposition factice, celle que la nature auroit tôt ou tard occasionnée.

C'est d'après cette maxime encore que les Médecins ont imaginé d'inoculer plusieurs especes de maladies, soit pour les prévenir, soit pour servir de contre-poids à d'autres maladies ; & actuellement l'on regarde en Médecine comme le comble de l'adresse, de savoir guérir une maladie par une autre.

Cela posé, & dès qu'il est reconnu que l'on peut imiter la nature, en introduisant dans le corps humain telle ou telle maladie, est-il si *étrange*, si *inconcevable* que le *Somnambulisme* soit aussi transmissible par des moyens artificiels ?

Le *Somnambulifme* eft mis par les Phyfio-
logiftes au nombre des maladies ; il eft donc,
par cette qualité, dans la claffe des révolutions que l'art peut introduire ; il n'y a, pour
cet effet, qu'un pas de plus à faire dans la
carriere de l'inoculation des maladies : mais
cette extenfion, loin de contrarier les prin-
cipes de la Phyfiolofigie, ne fait que les
confirmer.

Cependant on s'attend bien que les Médecins chercheront à combattre cette parité,
en établiffant des différences & des diftinc-
tions ; peut-être même iront-ils jufqu'à vou-
loir retirer le *Somnambulifme* de la claffe des
maladies, en défavouant fur ce point leurs
Nofologiftes.

Afin d'oter tout prétexte de fubterfuge,
il faut laiffer de côté les *maladies,* pour nous
tenir au *fommeil.*

Il n'y a jufqu'à préfent aucun Médecin, ni
Phyficien, ni Philofophe qui ait pu expliquer quelle eft la caufe du fommeil, ni comment il fe produit.

Tout ce qu'on a dit à ce fujet n'offre que
des conjectures, ouvrage de l'imagination ;
une chofe feulement eft certaine, c'eft que
le *fommeil* furvient toutes les fois que le corps

fe trouve dans une difpofition quelconque, propre à le produire, & qu'on parvient à mettre le corps dans cette difpofition par le fecours de l'art. Tel eft l'effet notoire des plantes narcotiques, comme l'*opium*, l'*ivraie*, &c.

. Or, s'il exifte un art quelconque pour mettre le corps en difpofition de *fommeil*, il n'y a donc rien d'étonnant que les *procédés magnétiques* puiffent également le produire.

Dira-t-on qu'il y a défaut de fimilitude, en ce que les *procédés magnétiques* n'employent pas de *décoctions* ni *d'infufions* pour produire le fommeil? Je réponds qu'il s'en faut beaucoup qu'il foit befoin de *boiffons* ou de *drogues*, pour que l'état de *veille* fe convertiffe en état de *fommeil* : il y a une multitude d'autres moyens qui produifent le même effet, & c'eft même une des fingularités propres au fommeil, qu'il eft opéré par des caufes variées à l'infini, & qui font tout à fait oppofées entre elles; par exemple, fi la grande *chaleur* fait naître le fommeil, il eft également produit par le *froid extrême*. On a vu des foldats tomber endormis fur la neige, & périr de froid dans cet état d'affoupiffement.

Si des frottemens légers & doux appellent le *sommeil*, des douleurs atroces le produifent auffi ; ce qui eft prouvé par l'exemple de plufieurs malheureux qui, appliqués à la queftion, s'endormoient au milieu de ce fupplice. On en cite d'autres qui, étendus fur la roue, ont cédé au fommeil.

Gemelli Carreri dit, qu'étant à la Chine, il fit route avec un Tartare qui, toutes les nuits étoit obligé, pour s'endormir, de fe faire frapper quelque temps avec des baguettes, fur le ventre, comme fur un tambour.

La faim & l'excès de nourriture, la fatigue & le repos, les boiffons raffraîchiffantes & les boiffons échauffantes produifent également le fommeil ; il réfulte de la diminution du fang qui fe porte au cerveau, comme il réfulte de fon augmentation ; il vient à la fuite des bains & de la faignée : la fièvre, qui caufe l'infomnie, caufe auffi l'affoupiffement ; une légere différence dans la dofe du vin, éveille ou endort ; on ne finiroit pas fi on vouloit raffembler les diverfes caufes qui conduifent l'homme à cet état, foit que ces caufes engendrent autant de combinaifons différentes, également capables de produire le fommeil, foit que, malgré leur différence apparente, elles arrivent au même réfultat.

Mais dans l'un & l'autre cas, on eft obligé d'avouer que les moyens du fommeil font en grand nombre, & que nous ne fommes point en état d'en déterminer la nature ni la quantité.

Cette confidération fuffit fans doute pour écarter l'invraifemblance du fommeil qui réfulte de l'attouchement *magnétique*.

Ce moyen, qui paroît, au premier afpect, fi *étrange*, perd beaucoup de fon *merveilleux*, quand on le compare à d'autres bien plus étranges, dont on ne peut nier la certitude, tels que ceux dont je viens de parler.

L'efficacité du *toucher* pour la production du fommeil, femble d'ailleurs une conféquence néceffaire d'une loi générale de la nature, qui a voulu que les cinq *fens* ferviffent d'introduction au fommeil ; fi le *toucher* ne le produifoit pas, ce feroit le feul *fens* qui manqueroit de cette propriété.

En effet, fi nous jetons un coup-d'œil fur l'*ouïe*, l'*odorat*, la *vue*, & le *goût*, nous y verrons autant de conducteurs du fommeil. Perfonne ne niera que l'*oreille* ne foit une voie très-efficace au fommeil : le bruit d'un moulin, le murmure d'un ruiffeau, le jailliffement

des eaux, une converfation traînante, la mo-
notonie de la voix, une mufique lente & trifte,
organifent le corps plus ou moins promptement
d'une maniere propre au fommeil.

L'*odeur* des plantes aromatiques & narcotiques jette dans l'affoupiffement, & des
Chimiftes ont donné dans leurs Ouvrages la
recette d'effences fomniferes, dont les mal-
faiteurs ont fouvent abufé.

Le *goût* eft encore l'introducteur du fommeil, & la Médecine ufe de ce moyen dans
l'adminiftration des narcotiques, pour le rappeler chez ceux auxquels il manque naturellement, ou pour rendre les malades infen-
fibles à des opérations douloureufes.

Il eft à remarquer que la plupart des
drogues qui produifent cet effet, dévelop-
pent leur vertu avant qu'elles aient été dé-
compofées dans l'eftomac, avant même qu'elles
y foient defcendues, & feulement par le
feul contact avec le palais ou la langue ; ce
qui prouve bien que cet effet appartient au
goût.

Enfin la *vue* n'eft pas moins puiffante pour
la production du fommeil. Une lumiere trop
éclatante, en obligeant les paupieres à fe

fermer, amene infenfiblement le fommeil.

On fait aufli combien la *lecture* eft propre à le provoquer; il y a beaucoup de perfonnes qui ne réfiftent point à cette impreflion, & qui s'en font même une reffource dans l'occafion.

Et il ne faut pas dire que le fommeil eft alors l'effet de l'ennui, puifque la plupart du temps le fommeil eft involontaire, & qu'il furvient au milieu de lectures intéreffantes qu'on entendroit faire à d'autres, fans reffentir aucune pente au fommeil.

C'eft donc bien véritablement la *vue* qui fert alors de *véhicule* au fommeil.

D'où il réfulte qu'il eft bien établi que le fommeil entre par quatre de nos *fens*; or cette obfervation nous conduit prefque néceffairement à croire que le *toucher* eft doué de la même vertu, parce que l'uniformité que l'on remarque dans la nature, ne permet pas de fuppofer qu'elle ait fait une exception particuliere pour ce *fens*.

Mais il y a plus; un peu de réflexion nous découvre que la propriété en queftion doit appartenir au *toucher* plus fpécialement encore qu'à tous les autres *fens*. On convient, qu'à parler exactement il n'y a qu'un *fens*, qui eft le *toucher*, & que les quatre autre *fens* ne font qu'une modification du *toucher*.

La *vue*, l'ouïe, le *goût*, l'odorat, ne produifent des fenfations chez nous, que par le moyen du *contaet* ; la *lumiere*, le *fon*, les *faveurs*, les *odeurs* n'agiffent fur nous qu'en ébranlant les houppes nerveufes de nos organes, & elles ne parviennent à cet ébranlement, qu'après les avoir *touchées* : cette vérité eft inconteftable.

Le *toucher* proprement dit ne differe donc des autres *fens* que par une plus grande énergie, & par fon extenfion ; les autres *fens* n'occupent qu'un endroit très - circonfcrit, & ne font fufceptibles que d'une impreffion *locale ;* mais le *toucher*, par excellence, eft répandu fur toute la furface du corps : &' cela fuffit feul pour faire comprendre que le *toucher* doit jouir fupérieurement de la propriété d'ouvrir une voie au fommeil ; car étant le *chef fens*, pour ainfi dire, le *fens principal*, dont les autres ne font qu'une dérivation, comment pourroit-on le concevoir privé d'une faculté qui fe trouve dans fes fubalternes ?

Enfin, il eft fi vrai que le fommeil s'introduit par les attouchemens, que les Médecins eux-mêmes ordonnent l'*opium* pris en topique, & appliqué fur la peau; ce qui effectivement produit le fommeil. L'*attouche-ment* (1) d'un corps organifé peut donc, fans qu'il y ait aucune merveille, occafionner le fommeil; & c'eft le point où je voulois venir pour répondre au reproche d'invraifemblance.

Mais, dira-t-on, en fuppofant aux *Magnéziftes* la faculté de produire le fommeil, il n'y a pas la même raifon pour croire qu'ils procurent le *Somnambulifme*.

La réponfe eft fimple.

Le *Somnambulifme* n'eft lui-même qu'une modification du fommeil; il n'y a pas de *Somnambulifme* fans fommeil.

L'on pourroit même ajouter qu'il n'y a pas de fommeil fans *Somnambulifme*, & que tout homme eft né *fomnambule*.

Cette propofition, qui paroît un paradoxe, n'eft pas moins inconteftable, pourvu qu'on ne fe preffe pas de donner trop d'extenfion au terme de *Somnambule*.

(1) On peut même fe rappeler, à ce fujet, l'efpece de *toucher* ufité dans les Indes, & à l'aide duquel les efclaves procurent le fommeil a leurs Maîtres; ce qui s'appelle *maffer*.

Le

Le *sommeil parfait* est un temps de repos pendant lequel les senfations sont réduites à un état de concentration qui ne laiſſe paroître au dehors aucun autre ſigne de vie que la *respiration* & le mouvement du *pouls*.

Le sommeil *imparfait* est celui où cette concentration n'est pas complette, de maniere qu'elle laiſſe encore quelques accès au jeu extérieur des organes. Il est rare qu'on jouiſſe de la première eſpece de sommeil.

Dans le sommeil le plus profond & le plus heureux, la perſonne endormie conſerve une portion de *veille* plus ou moins active, à l'aide de laquelle elle exécute divers mouvemens : ne fait-on pas que pendant le sommeil le corps s'agite, ſe combine pour choiſir une poſition avantageuſe, la main ſe porte vers les parties qui ſouffrent quelque incommodité, elle arrange des couvertures, écraſe des inſectes, toutes choſes qui appartiennent inconteſtablement à l'état de veille & qui conſtituent par conſéquent une eſpece de *Somnambulisme*. Car il faut entendre ſous ce nom l'exercice des *mouvemens* quelconques opérés pendant le sommeil.

Le commun des hommes pouſſe plus loin le *Somnambulisme*, puiſqu'il y a une infinité de perfonnes qui parlent en dormant, font des gefticulations, tiennent des difcours d'une longue étendue, adreffent la parole à ceux dont elles fe croient environnées, defcendent de leur lit & s'y remettent, &c.

Ces fingularités font fi ordinaires, qu'il n'y a prefque pas de maifon où l'on n'en rencontre quelques exemples.

Lorfque le *Somnambulifme* acquiert quelques nuances de plus, il produit des chofes étonnantes.

C'eft alors que l'on voit le dormeur écrire, travailler, ouvrir les portes, allumer du feu, monter fur des toits, paffer des rivieres à la nage, étriller des chevaux, &c. &c.

Mais obfervez bien que le *Somnambulifme* porté à ce dernier degré, n'eft point un état nouveau, ni contraire à la nature du *fommeil*; c'eft fimplement une modification *renforcée* d'un état *naturel* à l'homme, & adhérent au fommeil.

Ce qui nous ramene à cette propofition, que *tout dormeur eft un Somnambulifme commencé*, que quiconque fe livre au fommeil eft dans un état prochain du Somnambulifme, qui doit fe développer d'une maniere plus ou moins frappante, en raifon de la conftitution phyfique du dormeur, de la nature de fa maladie,

& sur-tout en raison des différentes causes
qui ont produit, précédé, ou accompagné son
sommeil.

De là, il est aisé de concevoir qu'un malade déjà porté, ou par tempérament ou
par la nature de la maladie, à un *Somnambu-*
lisme un peu *prononcé*, est susceptible de re-
cevoir, avec le *sommeil magnétique*, une plus
grande détermination vers le *Somnambulisme*.
Un pareil état est-il utile à la guérison
de la maladie ? C'est ce qu'il n'est pas question d'examiner en ce moment. Que le Somnambulisme soit salutaire ou non, toujours
est-il vrai qu'il est une des dépendances du
sommeil, qu'il s'introduit avec lui, & qu'il
doit par conséquent se développer plus ou
moins ; & c'est ce que je voulois établir.

Il y a des personnes chez qui l'assoupisse-
ment *magnétique* n'est accompagné d'aucuns
signes biens frappans de Somnambulisme,
qui sont seulement appesanties & frappées
d'une somnolence continuelle, entendant d'ailleurs fort bien tout ce qui se passe autour
d'elles.

D'autres s'assoupissent de temps en temps,
se réveillent à certains intervalles, pour re-
tomber ensuite. Les nuances sont multipliées

à l'infini ; à commencer par les dormeurs, qui n'offrent rien que l'apparence du sommeil ordinaire, jusqu'à ceux qui exécutent les merveilles dont il est tant parlé dans le monde.

Ce sont ces merveilles qu'il me reste à rendre concevables : car ayant prouvé que les *procédés magnétiques*, c'est-à-dire, un *contact gradué* & combiné d'après les principes, peuvent produire le *sommeil*, &, par suite, le *Somnambulisme* ; au moins faudra-t-il réduire le *Somnambulisme* à celui qui est déjà connu. Mais les adversaires du *Magnétisme animal* ne manqueront pas de se rejeter sur ce que le *Somnambulisme magnétique* va beaucoup plus loin, en offrant le spectacle d'un *Somnambulisme* dont on n'a point d'idée, & qui est accompagné de phénomenes qu'on n'avoit jamais remarqués dans le *Somnambulisme naturel*.

Telle est la derniere allégation qui sert de refuge à l'incrédulité de ceux qui n'ont pas vu de Somnambules, & à la méfiance de ceux qui les ont vus. Mais on sera bien étonné, dans un moment, de voir que le *Somnambulisme magnétique* n'a rien de supérieur aux effets du *Somnambulisme naturel* ; qu'au contraire il se rencontre d'une maniere

tout à fait exacte avec les phénomenes
de ce dernier état, dont il n'est que le dé-
veloppement ; & cette considération pourra
paroître à bien du monde un argument des
plus victorieux pour la réalité du *Somnambulisme magnétique.*

ARTICLE II.

*Les phénomenes du Somnambulisme ma-
gnétique, loin d'être inconcevables,
sont au contraire une suite nécessaire
du Somnambulisme.*

A entendre les déclamations violentes pu-
bliées contre le *Somnambulisme magnétique*,
qu'on présente comme d'une misérable supercherie indigne de toute créance, on seroit
tenté de croire que ces phénomenes sont *sans
exemple*, & qu'ils se concentrent dans le *Somnambulisme magnétique.*

Telle est l'opion qui s'est établie dans le
Public, même parmi la saine partie, composée
de personnes respectables par leurs lumieres
autant que par leurs vertus; mais qui, n'étant
pas familieres avec les phénomenes physiolo-

giques, ont dû nécessairement adopter cette
façon de penser.

Ces mêmes personnes auroient, peut-être
changé de sentimens, si elles avoient été à
portée de savoir qu'il existe dans la nature
un état absolument semblable à celui qu'on
veut faire regarder comme un état *simulé*,
& que les mêmes phénomenes qui sont, dans
l'un, déclarés *chimériques*, *impossibles*, & *inadmissibles*, sont reconnus, dans l'autre, pour *incontestables*, & d'une notoriété au-dessus de
toute incertitude.

Une pareille circonstance change bien la
face des choses; car si on refuse sa créance
aux phénomenes du *Somnambulisme magnétique*,
c'est parce qu'il en coûte trop à la raison
d'admettre des faits qui la blessent, & qui
ne sont appuyés d'aucun exemple.

Mais s'il faut accorder une pareille crédulité au *Somnambulisme naturel*, alors cette
même crédulité se transportera sur le *Somnambulisme magnétique*; car étant prouvé que
ces phénomenes ont lieu dans une espece de
Somnambulisme, ce seroit chicaner sans motif
& par pur esprit de contradiction, de contester
qu'ils puissent avoir lieu dans une autre.

Il est donc néceffaire que l'on fache qu'il exifte un état de *Somnambulifme naturel*, reconnu & *avoué* par les Médecins, pendant lequel les *dormeurs* exécutent des chofes qui feroient impoffibles à un homme éveillé.

Sans entrer dans le détail des fingularités qui ont été remarquées à ce fujet, je me contenterai des phénomenes qui font parfaitement analogues à ceux qui s'obfervent chez les *Somnambules magnétiques*.

Rien n'eft plus commun que de voir des Somnambules magnétiques, *marcher, fe promener*, aller vers d'autres perfonnes, leur parler, revenir à leurs places, prendre un livre, du papier, écrire, en un mot, faire une infinité de chofes qui fuppofent l'ufage de toute leur raifon & de tous leurs *fens*.

Auffi le Public fe révolte-t-il quand on veut lui perfuader que de telles gens font en état de *fommeil*, & qu'ils ne *voyent* ni *n'entendent* par les organes ordinaires.

Quelques-uns de ces Somnambules ayant les yeux *ouverts*, les fpectateurs n'ont pas manqué de foupçonner qu'ils fe *fervoient de leurs yeux*; ce qui étoit bien naturel à croire; & les Médecins ont tourné en ridicule cette prétention que des gens *puffent voir fans le*

C iv

secours des yeux, & qu'ayant les yeux ouverts,
ils ne s'en servissent pas.

Mais, par malheur, ce persifflage perd un
peu de sa force quand on vient à savoir
que nos Savans ont eux-mêmes consacré
cette vérité dans un des Ouvrages destinés
à apprendre à la Postérité l'état actuel de
nos connoissances. Ouvrez l'Encyclopédie, au
mot Somnambule ; & vous y verrez :

« Les personnes qui en sont atteintes
» (de Somnambulisme) plongées dans un pro-
» fond sommeil, se promenent, parlent, écrivent,
» & font différentes actions, comme si elles
» étoient bien éveillées ; & quelquefois même
» avec plus d'intelligence & d'exactitude.......
Et plus bas (notez bien ceci) :
» Quelques Somnambules ont les yeux ou-
» verts ; mais il ne paroît pas qu'ils s'en servent ».
Voilà donc MM. les Savans (car l'Encyclopédie est leur ouvrage) convaincus de partager
avec les Magnétistes la bonhomie de croire qu'on
peut voir sans le secours des yeux , & qu'ayant les
yeux ouverts, le Somnambule ne s'en sert pas.

Les Magnétistes ont souvent annoncé que
le Somnambulisme magnétique développoit, chez
plusieurs malades, une subtilité prodigieuse
de la vue, de maniere qu'ils distinguent des

objets très-déliés, à travers un bandeau ou
autre corps *intermédiaire*.

Cette propofition n'a pas été accueillie
plus favorablement.

On a tourné en dérifion l'hiftoire d'un *Somnambule magnétique* qui avoit écrit les yeux
couverts d'un bandeau, & corrigé des mots,
effacé des lettres, pour en fubftituer d'autres
au-deffus ou à côté.

On difoit qu'il falloit avoir vu cela pour
le croire; & après l'avoir vu, on foupçonoit
encore la bonne foi du Somnambule, tant
la chofe paroiffoit extraordinaire.

Mais comment ne s'eft-on pas rappelé que
nos Savans nous avoient d'avance préparés à ces
phénomènes, en nous les préfentant comme
une fuite néceffaire du *Somnambulifme*?

« Lorfqu'on fuit quelque temps un Som-
» nambule, dit l'article déjà cité, on voit
» que fon fommeil, fi femblable à la veille,
» offre *un tiffu furprenant de fingularités*....
» Le *vrai* devient *incroyable*.

L'Auteur, laiffant de côté les exagérations
qui accompagnent fouvent de pareils récits,
fe réduit *à des faits bien conftatés*, *& dont la
vérité ne fauroit être fufpecte*.

C'eft d'après cet engagement, qu'il fait

l'hiſtoire d'un *Somnambule*, jeune Eccléſiaſtique & compagnon d'étude de *M. l'Archevêque de Bordeaux*.

Ce Prélat alloit tous les ſoirs dans la chambre de ce *Somnambule*, dès qu'il le ſavoit endormi. Il vit, entre autres choſes, qu'il ſe levoit, prenoit du papier, compoſoit & écrivoit des Sermons.

Lorſqu'il avoit fini une page, il la *reliſoit*, tout haut, ſi l'on peut, ajoute l'Auteur, appeler relire, cette action faite *ſans le ſecours des yeux*.

Les yeux fermés, cet Eccléſiaſtique faiſoit de la *muſique*; une canne lui ſervoit de règle; il traçoit avec cette canne, à diſtance égale, les cinq lignes néceſſaires, mettoit à leur place la clef, les *bémols*, les *dieſes*, enſuite marquoit les notes qu'il avoit d'abord faites toutes *blanches*; & quand il avoit fini, en reprenant chacune de ces notes, il rendoit *noires* celles qui devoient l'être; il écrivoit les paroles au-deſſous.

Il lui arriva, une fois, de les écrire en trop *gros caractères*, de façon qu'elles n'étoient pas placées directement ſous leurs notes correſpondantes; il ne tarda pas à *s'appercevoir* de ſon erreur (ſans le ſecours des yeux), &

pour la réparer, il effaça ce qu'il venoit de faire, en paffant fa main par-deffus, & refit plus bas cette ligne de mufique *avec toute la précifion poffible.*

Le Prélat de qui l'on tient ces détails, s'étant placé devant le Somnambule pour le fuivre avec plus d'application, obferva une circonftance bien étonnante. Le jeune Abbé ayant mis dans un endroit du Sermon, *ce divin enfant,* s'apperçut, en relifant, que ces deux mots faifoient une diffonance défa- gréable, & il fubftitua l'épithete d'*adorable* à celle de *divin :* pour cet effet, il effaça *divin,* & plaça l'autre mot exactement au-deffus : mais ce changement laiffoit une imperfection dans la phrafe, en ce qu'il y avoit *ce adorable enfant ;* le Somnambule s'apperçevant du dé- faut, intercala très-adroitement un *t* à la fuite du mot *ce,* de façon qu'on lifoit *cet adorable enfant.*

Lorfque le Somnambule relifoit ou corri- geoit ce qu'il avoit écrit, il prenoit garde de porter les doigts fur les caracteres qui n'étoient pas encore fecs ; il faifoit un dé- tour, pour éviter de les effacer : précaution qu'il ne prenoit pas fi les lettres étoient feches.

Il eſt à remarquer que, pour s'aſſurer qu'il ne faiſoit point *uſage de ſes yeux*, le Prélat avoit imaginé de lui préſenter *un carton ſous le nez*; & c'eſt dans cette poſition qu'il continuoit les opérations dont nous venons de parler.

Voilà ce qui eſt atteſté par l'Encyclopédie, comme autant de faits dont la vérité eſt au-deſſus de toute contradiction; ce qui eſt bien ſuffiſant ſans doute pour prouver d'une manière invincible, de deux choſes l'une, ou qu'un *Somnambule* peut *voir* ſans le *ſecours des yeux*; ou bien, que ſa vue, exaltée à un point inconcevable, perce ſa paupiere & les *corps opaques*.

Les Mémoires de l'Académie *des Sciences* & les Ouvrages des Médecins contiennent une foule d'obſervations qui confirment les faits qu'on vient de voir, en en rapportant d'autres qui ſont de la même nature; & quand il eſt queſtion de donner quelque explication de cette ſingularité, ils ſe réuniſſent pour avouer l'inſuffiſance de nos lumieres, & nous exhorter à admirer ce que nous ne pouvons comprendre.

Ce que dit l'Encyclopédie à ce ſujet mérite d'être rapporté:

» « Comment se peut-il faire qu'un homme
» enseveli dans un *profond sommeil,* entende,
» marche, écrive, voye, jouisse, en un mot,
» de l'exercice de ses sens, & exécute avec
» justesse divers mouvemens ?

» Il faut convenir de bonne foi qu'il y a
» bien des choses dont on ne sait pas la
» raison, & qu'on chercheroit inutilement la
» nature à ses mysteres ».

L'Auteur de ce même article, après avoir
parlé de plusieurs faits surprenans, qu'il dit
être *incontestables,* fait une sortie contre les
» *demi-Savans* qui ne croyent rien que ce
» qu'ils peuvent expliquer ; & qui ne sau-
» roient imaginer que la nature ait des mys-
» teres impénétrables à leur sagacité.

Observons à présent l'effet de la prévention.

Quand on voit ces mêmes phénomenes répétés par un *Somnambule magnétique,* on pré-
tend qu'il y a nécessairement supercherie de
la part de ceux qui se prêtent à ces jeux,
parce que de tels phénomenes, dit-on,
choquent *toutes les notions reçues,* & n'ont
aucun *exemple* dans la nature qui puisse aider
la croyance. Mais comment concilier une

pareille réclamation, avec les exemples qui viennent d'être rapportés ?

Une des principales objections faites contre le *Somnambulisme magnétique*, naît de ce qu'il présente des *contradictions* & des *inconséquences* avec cette prétendue subtilité de la *vue* & du *toucher*.

On a remarqué que ces Somnambules, si pénétrans pour de certains objets, étoient tout à fait ineptes pour d'autres.

Par exemple, tel homme qui passe adroitement à travers une *rangée de chaises* sans y toucher, qui *écrit ou lit à travers un carton*, ne verra pas s'il y a du monde autour de lui ; il prendra une chose pour une autre, & ne s'appercevra pas de la supercherie qu'on lui aura faite, &c.

Mais l'exemple du *Somnambulisme naturel* répond à cette objection, & la contradiction en question, bien loin d'être un argument contre la réalité du *Somnambulisme magnétique*, en établit d'autant mieux la sincérité, puisque c'est un trait de ressemblance de plus qu'il offre avec le *Somnambulisme naturel*.

Le Somnambule *naturel* de l'*Encyclopédie* voyoit fort bien son *papier*, ses *lettres*, même à travers le carton, & cependant il ne voyoit pas la personne qui, placée devant lui, s'occupoit à l'examiner.

Ce même *Somnambule* s'imaginant se promener au bord d'une riviere, crut voir un enfant tombé dans l'eau; aussi-tôt il se précipite sur son lit, en faisant les gestes d'un homme qui nage au milieu des flots, & après beaucoup de mouvemens & de fatigues, rencontrant un paquet de sa couverture, il le prend pour l'enfant, il le ramasse d'une main, & se sert de l'autre pour revenir, en nageant, gagner le rivage; quand il se croit à bord, il se remet dans son lit en claquant des dents, avec l'apparence d'un homme saisi de froid & tout mouillé; il demande aux assistans un verre d'*eau-de-vie* pour le réchauffer; & comme on lui donne de l'*eau*, il reconnoît la surpercherie, & insiste pour de l'*eau-de-vie*, & aussi-tôt qu'il en a obtenu, il la boit avec empressement, en déclarant qu'elle lui fait le plus grand bien.

Par cet exemple, on voit que le Somnambule, en se laissant abuser par la *vue* & par le *tact*, conservoit la perfection du *goût*, puisqu'il distinguoit l'*eau-de-vie*, de l'eau simple.

Des contradictions de cette nature étant communes chez les *Somnambules naturels*, on ne doit pas les trouver étrangés chez les *Somnambules magnétiques*, puisque l'une & l'autre espece de *Somnambulisme* dérive d'une disposition secrete, qui vraisemblablement est la même, à peu de chose près.

J'ai eu occasion plusieurs fois d'être témoin de contradictions pareilles qui me jeterent dans une grande défiance, parce qu'alors je n'étois pas assez familiarisé avec les singularités attachées au Somnambulisme.

Cet hiver dernier, étant chez le Marquis de.....; j'ordonnai à un *Somnambule magnétique* (qu'il me faisoit voir) de prendre un *chapeau* qui étoit sur une table au milieu du cabinet, & d'aller le poser sur la tête d'une personne de la compagnie.

Je n'exprimai point cette volonté en *parlant*, mais seulement avec un *signe* qui traçoit la ligne que je lui donnois à parcourir, & qui venoit aboutir au *chapeau*. Le Somnambule (qui avoit les yeux couverts d'un bandeau) se leve de sa chaise, suit la direction indiquée par mon doigt, s'avance vers la table, & prend le *chapeau* au milieu de plusieurs autres objets qui se trouvoient sur

la

la même table ; mais avant d'aller le pré-
fenter à la perfonne, il fe perfuade qu'il eft
honnête de le *broffer*; & quoiqu'il n'y eût
pas de *broffe* fur cette table, il fait le gefte
d'un homme qui en a pris une ; & tenant le
chapeau de la main gauche, il le *vergette* des
trois côtés avec le poing droit, enfuite il
repofe la *broffe* imaginaire fur la table, & va
porter le *chapeau* fur la tête de la perfonne
indiquée.

Quoique le *Somnambule* en queftion eût
d'ailleurs fort bien rempli mon intention, je
ne laiffai pas de concevoir quelque méfiance
d'après la circonftance de la *broffe*.

Comment cet homme, chez qui la *vue* &
le *tact* étoient, en apparence, portés au dernier
degré de perfection, ne s'étoit-il pas apperçu
qu'il n'y avoit pas de *broffe* fur la table ?
Comment pouvoit-il fe méprendre au point
de croire en tenir une à la main ?

J'en concluai que, s'étant abufé auffi grof-
fierement, il s'en falloit beaucoup qu'il eût
le *tact* & la *vue* auffi fubtils qu'on vouloit
me le faire croire, & qu'il y avoit dans le
refte de fes opérations plus d'adreffe que de
bonne foi.

Les *Somnambules magnétiques* que j'ai vus

D

depuis celui-ci, m'ont prefque tous fourni
les mêmes occafions de défiance, en m'offrant
des contradictions de cette nature.

Mais quelle a été ma furprife, en conful-
tant les Ouvrages, les Mémoires, & les Re-
lations faites fur le *Somnambulifme*, de voir
que ces contradictions fe trouvoient également chez les *Somnambules naturels*, & qu'elles
étoient auffi un objet d'étonnement pour les
fpectateurs ; de maniere que ce qui m'avoit
paru au premier coup-d'œil un motif de foup-
çon, devenoit une raifon de plus pour autorifer
la perfuafion.

« Ce qu'il y a d'inconcevable, dit M. *Pigatti*,
» Médecin Italien (en parlant des *Som-*
» *nambules*), c'eft qu'ils ont les fenfations
» extrêmement fubtiles en certaines occafions, lorfque dans d'autres il les ont très-
» groffieres ».

Je vis, dans le même Ouvrages une infinité d'autres exemples de *Somnambules* qui,
après avoir annoncé une fineffe prodigieufe
de fenfations, paroiffoient, un inftant après,
en être tout à fait dépourvus, en prenant
une chofe pour l'autre, & confondant des
objets qui n'avoient aucune analogie entre eux.

Un *Somnambule* des plus étonnans qui ait jamais exifté, eft fans doute le nommé Jean-Baptifte *Negretti*, qui fut fuivi & examiné pendant *cinq nuits* de fuite par une quantité de perfonnes.

M. *Pigatti*, qui affiftoit à ces expériences, en a donné un détail très-circonftancié, qu'on trouve dans le Journal étranger (Mars. 1756).

Ce Somnambule, ayant les *yeux exactement fermés*, prenoit du tabac dans une boîte qu'on · lui préfentoit, defcendoit plufieurs étages d'efcalier fans tâtonner, fe détournant & s'arrétant précifément où il falloit; pofoit des carafes & des taffes fur un petit pilier qui étoit fur fon chemin; alloit & venoit dans les différentes pieces d'un appartement, fans fe heurter; s'arrétoit aux portes qui étoient fermées, & les ouvroit; alloit tirer de l'eau au puits, prenoit dans le buffet des nappes des ferviettes, des couteaux, & généralement tout ce qui étoit néceffaire pour garnir une table, & faifoit mille autres chofes auffi furprenantes, qu'il feroit trop long de rapporter, mais qui fuppofent une fineffe exquife dans la *vue* & le *toucher*.

A côté de cela, on voit des méprifes qui

D ij

contrârient tout à fait cette perfection dans
les fens.

Ayant cherché de la lumiere pour s'éclairer,
le Somnambule croit avoir une chandelle
dans fes mains, fans *s'appercevoir qu'il n'en
eft rien*; il croit tenir un chandelier, lorfqu'il
ne tient qu'une bouteille; il s'aide de cette
prétendue lumiere en la portant avec lui; il
s'approche de la cheminée pour faire fécher
une ferviette qu'il a mouillée, quoiqu'il n'y
ait pas de feu dans la cheminée; il falue les
Dâmes & les Cavaliers de la compagnie dans
laquelle il croit être, lorfqu'il n'y a, parmi
ceux qui l'environnent, aucunes perfonnes
de celles qu'il fuppofe. Il va au cabaret, fe
croyant accompagné d'un de fes camarades,
quoique ce camarade ne fût pas avec lui; il
lui verfe à boire, lui adreffe la parole, boit
à fa fanté, fans s'appercevoir qu'il eft feul.
Etant occupé à manger de la falade, on lui
ôte le plat pour lui fubftituer une affiette,
où il y avoit des choux affaifonnés de vinaigre
& imbibés de cannelle, & il ne s'apperçoit
pas de la fubftitution : on lui ôte ce plat
pour lui mettre une affiette de baignets crus,
& il continue de manger; on lui donne de

l'eau pour du vin; enfin quelqu'un s'amufant à lui frotter les jambes avec une canne, il prend ce frottement pour la morfure d'un chien qu'il fuppofe autour de lui; il s'emporte contre le chien; il le cherche, fait des efforts pour le battre, va chercher un fouet pour l'étriller: revenu avec le fouet à la main, quelqu'un des fpectateurs lui jette un *manchon*; alors croyant bien tenir le chien, il l'accable de coups & d'injures.

Voilà des contradictions qui fervent à expliquer celle qui me frappa chez le *Som-nambule* de M. le Marquis de...., au fujet de la broffe *imaginaire* qu'il croyoit tenir.

Il y a une infinité d'autres exemples qu'on pourroit citer, & qui achevent de manifefter cette inégalité de fenfations & d'intelligence chez les *Somnambules*.

La Bibliotheque de Médecine, tom. X, pag. 477, fait mention d'un Somnambule qui, fe levant de fon lit au milieu de la nuit, alloit dans une maifon voifine, qui étoit *ruinée*, & dont il ne reftoit que les *gros murs* & quelques *poutres mal affurées*.

Le Somnambule montoit au plus haut de cette maifon, fautoit d'une poutre à l'autre, quoiqu'il y eût au-deffous un *profond abyme*.

Le même Ouvrage rapporte l'hiftoire d'un autre *Somnambule* qui, pendant la nuit, s'habilloit, prenoit fes *bottes*, ajuftoit fes *éperons*, & enfuite s'élançoit fur le bord d'une fenêtre d'un cinquieme étage, qu'il prenoit pour fon cheval, & il s'agitoit, dans cette pofture, avec tous les geftes d'un Cavalier qui court la pofte.

Dans les deux derniers exemples, on voit une affociation inexplicable de la plus parfaite pénétration, avec le plus ftupide aveuglement. Comment celui qui avoit affez d'adreffe pour gagner le haut d'une maifon ruinée & courir fur quelques *poutres mal affurées*, ne s'appercevoit-il pas du *profond abyme qui étoit au-deffous ?* & comment celui qui s'habilloit en Cavalier, mettoit fes *bottes* & fes *éperons*, pouvoit-il prendre le *bord d'une fenêtre* pour un *cheval ?* Il faudroit, pour expliquer ces fingularités, connoître mieux le principe du Somnambulifme, & l'efpece de déforganifation qui s'eft opérée dans ce moment chez l'individu.

C'eft ce qui fait dire à *Rehelini*, Médecin Italien, Auteur de plufieurs obfervations fur le Somnambulifme, qu'il faut nous contenter d'admirer les effets merveilleux de cet état;

que la Providence femble offrir aux Savans pour les confondre & montrer les bornes de l'intelligence humaine.

L'immobilité & l'infenfibilité apparentes des *Somnambules magnétiques* pour tout ce qui fe dit ou fe paffe autour d'eux, fe rencontre encore chez les *Somnambules naturels.* Celui dont je viens de parler étoit infenfible à l'approche d'une chandelle *prête à lui brûler les fourcils.* —

On trouve encore dans les Mémoires de l'Académie des Sciences, année 1742, *page* 409, une differtation de M. Sauvage de la Croix, fur le *Somnambulifme* d'une fille de Montpellier, qui préfentoit l'exemple d'une pareille infenfibilité.

« Le 5 Avril 1757, dit l'Auteur, en vi-
» fitant l'hôpital à dix heures du matin, je
» trouvai la malade au lit.

» Elle fe mit à parler avec une vivacité
» & un efprit qu'on ne lui voyoit jamais
» hors de cet état; elle changeoit quelque-
» fois de propos, & fembloit parler à plu-
» fieurs de fes amies, qui s'affembloient autour
» de fon lit; ce qu'elle difoit fembloit avoir
» quelque fuite avec ce qu'elle avoit dit dans
» fon attaque du jour précédent, où ayant

» rapporté mot pour mot une inftruction,
» en forme de catéchifme, qu'elle avoit en-
» tendue la veille, elle en fit des applica-
» tions morales & malicieufes à des perfonnes
» de la maifon, qu'elle avoit foin de dé-
» figner fous des noms inventés, accompa-
» gnant le tout de geftes & de mouvemens
» des yeux, qu'elle avoit ouverts, enfin,
» avec toutes les circonftances des actions
» faites dans la veille ; & cependant elle
» étoit fort endormie. C'étoit un fait déjà
» bien avéré, & perfonne n'en doutoit plus;
» mais prévoyant que je n'oferois jamais l'af-
» furer, à moins que je n'euffe fait mes
» épreuves en forme ; je les fis fur tous les
» organes des fens, à mefure qu'elle débi-
» toit tous fes propos.

» En premier lieu, comme cette fille avoit
» les yeux ouverts, je crus que la feinte,
» s'il y en avoit, ne pourroit tenir contre
» un coup de la main, appliqué brufque-
» ment au vifage ; mais cette expérience réi-
» térée ne lui fit pas faire la moindre gri-
» mace, & elle n'interrompit point le fil de
» fon difcours : je cherchai un autre expé-
» dient, ce fut de porter rapidement le doigt
» contre l'œil, & d'en approcher une bougie

» allumée affez près pour brûler les cils des
» paupieres; mais elle ne clignota feulement
» point.

» En fecond lieu, une perfonne cachée
» pouffa tout à coup un grand cri vers
» l'oreille de cette fille, & fit du bruit avec
» une pierre portée contre le chevet de
» fon lit : cette fille en tout autre temps
» auroit tremblé de frayeur, mais alors cela
» ne produifit rien. En troifieme lieu, je
» mis dans fes yeux & dans fa bouche de
» l'eau-de-vie, de l'efprit de fel ammoniac;
» j'appliquai fur la cornée même, d'abord la
» barbe d'une plume, enfuite le bout du
» doigt, mais fans aucun fuccès : le tabac
» foufflé dans le nez, les piqûres d'épingles,
» les contorfions des doigts faifoient fur elle
» le même effet que fur une machine; elle
» ne donnoit jamais la moindre marque de
» fentiment ».

Le dixieme volume de la Bibliotheque de
Médecine contient un Mémoire fur une
femme *Somnambule* qui étoit infenfible aux
coups de fouets donnés fur les épaules à nu;
on lui frotta un jour le dos avec du miel,
on l'expofa, dans cet état & pendant un
foleil ardent, aux piqûres de *mouches à-miel*,

qui lui firent une multitude d'empoules, fans qu'elle laiflât échapper le moindre mouvement : mais étant réveillée, elle parut fentir de vives douleurs aux endroits affectés, & fe plaignoit amerement des mauvais traitemens qu'on lui avoit fait éprouver.

Au fujet de cette femme, je remarque une circonftance intéreffante, & qui a une conformité parfaite avec ce qui fe paffe actuellement; c'eft que les Savans & les anciens Profeffeurs en Médecine refuferent d'aller vérifier cette dormeufe, fur le prétexte que cet état choquoit les notions reçues en Phyfiologie.

Voici comment s'exprime l'Auteur de la relation.

« Le long féjour que cette femme fit à » Louvain, donna le temps à tout le monde » de la voir & d'examiner fcrupuleufement » un phénomene fi extraordinaire. Les an- » ciens Profeffeurs de cette Ville, regardant » cet événement comme une fable & une » chimere, ne purent fe réfoudre à augmen- » ter le nombre des fpectateurs. C'eft ainfi, » continue l'Auteur, *que le préjugé fait fer-* » *mer les yeux aux hommes du premier mé-* » *rite, & les empêche de travailler à la dé-*

» couverte des chofes dont l'humanité pourroit
» fouvent tirer de grands avantages.

» Enfin, continue le même Auteur, *les*
» *jeunes Profeffeurs & les autres Médecins* de la
» Ville, regardant ce phénomene d'un œil
» différent, apporterent *tous leurs foins pour*
» *s'inftruire à fond de l'état réel de cette dor-*
» *meufe extraordinaire, & ils eurent tout lieu*
» *d'en être fatisfait.*

Il ne fera pas hors de propos d'obferver
que l'Auteur de ce paffage eft un *Medecin*
de la Faculté de Paris.

Il eft vrai que cette infenfibilité pour le
bruit qui environne le *Somnambule magnétique,*
ne s'étend point à toute efpece de bruit, le
Somnambule confervant la faculté d'entendre
les perfonnes avec lefquelles il fe rencontre
en *rapport* & en *harmonie.*

Cette diftinction a paru à plufieurs une
véritable extravagance, n'étant pas concevable qu'il exiftât dans le même individu
une faculté qui ne s'ouvrît qu'à telle ou telle
perfonne, & qui fût fermée pour toute
autre.

Mais ce merveilleux, qui répugne à la raifon,
trouve encore fon analogie dans le *Somnam-*

bulijme naturel, où l'on voit des Somnambules, fourds à des éclats bruyans & à la
voix de diverfes perfonnes, entendre néanmoins fort bien & fans peine une autre perfonne avec laquelle ils confervent une relation
exclufive, telle que les *gardes malades*, ou
autres qui les ont approchés plus particulie-
rement, comme un *mari*, une *femme*, des
erfans.

Non feulement ces perfonnes ont la faculté
de fe faire entendre d'un *Somnambule naturel*,
mais elles ont auffi celle *de le faire parler*.

Cette particularité eft fi notoire, que plufieurs Auteurs fe plaignent de ce que certaines perfonnes profitent de cette circonftance pour arracher le fecret du Somnambule. C'eft même par-là que débute l'article
Somnambule dans l'Ecyclopédie.

« On voit fouvent, dit l'article, des Som-
» nambules qui racontent en dormant tout
» ce qui leur eft arrivé dans la journée;
» quelques-uns répondent aux *queftions qu'on*
» *leur fait*, & tiennent des difcours très-
» fuivis; il y a des gens qui ont la mal-hon-
» nêteté de profiter de l'état où ils fe trouvent
» *pour leur arracher, malgré eux, des fecrets*

» qu'il leur importe extrêmement de cacher ».

Remarquez ces expreſſions, *pour leur arracher malgré eux ;* voilà bien la reconnoiſſance formelle de l'empire que certaines perſonnes éveillées peuvent exercer ſur le Somnambule.

Mais par quel moyen, par quel procédé ce *rapport* peut-il s'établir entre une perſonne qui veille, & le *Somnambule ?* Les Magnétiſtes prétendent & enſeignent que le rapport s'établit par le *contaƈt ,* en touchant le Somnambule par l'extrémité des *doigts* ou *du pouce ;* ou bien en touchant de la même maniere quelqu'un qui ſeroit en rapport avec lui ; ce qui offre quelque reſſemblance avec l'*aimant.*

On n'a pas manqué de ſe récrier contre cette aſſertion ; & lorſque l'expérience a paru la juſtifier, on a ſoupçonné de la ſupercherie de la part du prétendu Somnambule.

Mais pourquoi donc cette répugnance pour admettre un effet qui date des temps les plus reculés, & connu depuis long-temps parmi le peuple ? Une expreſſion proverbiale nous découvre les veſtiges de cette ancienne opinion ; car l'on ſait que la plupart des

Proverbes. font des débris de vérités ou-
bliées. (1)

Mais comme plusieurs personnes pourroient
récuser une pareille autorité, il faut leur
offrir un témoignage fourni par les Savans
mêmes, & qui confirme l'efficacité du procédé enseigné par les *Magnétiftes.*

Henri de *Heers*, Médecin Flamand, at-
tefte connoître depuis son enfance un *Som-*
nambule qui faifoit en dormant les chofes
les plus furprenantes ; entre autres fingularités qu'il en raconte, étoit celle d'aller,
au milieu de la nuit & pendant *son pro-*
fond fommeil, prendre fon petit enfant du
berceau où il étoit, & de parcourir toute
la maifon en *tenant l'enfant entre fes bras.*
Sa femme, qui s'étoit apperçue de cette
manie, alarmée pour l'enfant, fuivoit fon mari
dans toutes fes courfes, pour être à portée
de leur donner du fecours en cas de malheur :
or, comme elle avoit remarqué que, dans cette

_____

(1) On dit en proverbe, à quelqu'un qui vous
prend le *petit doigt* : *Vous voulez favoir ma penfée.*

On dit également : *Serrer les pouces* de quelqu'un,
pour lui tirer l'aveu d'une vérité.

fituation, fon mari répondoit à tout ce qu'elle lui difoit, elle s'étoit avifée de l'interroger fur les chofes les *plus fecretes* qu'elle défiroit favoir.

L'Auteur obferve que ce mari étoit, dans le jour, très-réfervé avec fa femme fur fes affaires perfonnelles, dont il affectoit de lui cacher la connoiffance : mais quand il étoit interrogé par fa femme, en état de Somnambulifme & *ayant fon enfant entre fes bras*, alors, dit l'Auteur, « il fatisfaifoit à toutes » les queftions de fa femme, qui le fuivoit, » *& n'avoit plus pour elle rien de caché ni de* » *fecret ;* & il étoit fouvent furpris de l'en- » tendre parler de chofes qu'il croyoit favoir » feul ». *Bibliotheq. de Méd. tom. X. p.* 463.

Ce témoignage d'un Auteur non fufpect fert d'abord à confirmer cette *puiffance* dont parle l'Encyclopédie, qui réfide dans de certaines perfonnes, pour *forcer le Somnambule à parler, & de déclarer les chofes qu'il auroit intérêt de tenir fecretes.*

Il confirme la poffibilité de rencontrer un moyen d'établir un *rapport* entre la perfonne qui *veille*, & le *Somnambule*.

Celui dont il eft ici queftion n'étoit point en *rapport* avec fa femme, dès le moment qu'il entroit en Somnambulifme ; il falloit, pour établir la communication, qu'il eût fon *enfant entre fes bras*. Enfin, obfervez que cette circonftance d'*avoir l'enfant entre fes bras*, répond parfaitement aux procédés indiqués par les Magnétiftes. Cet enfant, placé *entre les bras de fon pere*, & foutenu de l'autre côté par les mains d'une mere tremblante, établif-foit un *rapport* entre le mari & la femme, par la communication & l'*analogie* qu'il avoit avec chacun d'eux.

Ainfi, voilà cette étonnante merveille, contre laquelle des Médecins fe font tant emportés, comme étant une chimere, une fable, une fupercherie, la voilà, dis-je, *atteftée* depuis long-temps par un de leurs Auteurs, qui confirme de la maniere la plus précife ce que les Magnétiftes avoient avancé.

Il eft aifé de voir que les Magnétiftes, en fe mettant en *rapport* avec le *Somnambule magné-tique*, ne font autre chofe que fe procurer cette analogie intime, dont il y a des exemples dans le *Somnambulifme naturel*, & dont on avoit négligé de rechercher le principe.

A l'égard de la faculté que les Magné-tiftes affurent avoir de diriger les mouve-

mens

mens du Somnambule, en le faisant aller de droite & de gauche, en *avant*, en *arriere*, en ligne *directe* & *circulaire*, à la maniere d'un *aimant*, en présence d'un autre *aimant*; cette faculté est une suite nécessaire de ce qui précede: & ayant une fois admis & reconnu la puissance de *faire parler un Somnambule malgré lui*, & de *lui arracher les choses qu'il auroit intérêt de tenir secretes*, on ne doit pas faire grande difficulté pour admettre la puissance de diriger ses mouvemens.

Un exemple rapporté par *Kaau Boerhaave*, va nous donner une idée de l'asservissement étonnant dans lequel un homme peut se trouver vis-à-vis un autre homme avec qui il est en *harmonie*.

Cet Auteur parle d'un homme qui avoit le bizarre défaut d'entrer promptement en *harmonie* ou en *rapport* avec tous ceux dont il approchoit.

Au bout de quelques momens, son corps acquéroit une flexibilité sympathique qui le forçoit d'imiter, avec précision & rapidité, tous les mouvemens qu'il voyoit faire à la personne qu'il avoit fixée, comme de *remuer les yeux, les levres, les mains, les bras, les pieds, de se couvrir ou découvrir la tête*, mar-

E

cher &c ; *tout cela malgré lui* & par l'effet d'une force majeure, qui faifoit agir fes organes fympathiques avec ceux d'autrui.

On s'amufoit quelquefois à lui tenir les mains en préfence de quelqu'un qui gefticuloit, & alors il étoit dans une agitation extrême, fe débattant & cherchant à reprendre fa liberté.

Si on lui demandoit quelle efpece de fenfation il éprouvoit dans ces momens de contrainte, il répondoit qu'il fouffroit du *cerveau* & du *cœur*.

Boerhaave ajoute, qu'à raifon de cette bizarre organifation, il étoit obligé d'aller dans la rue les yeux fermés, & qu'il étoit très-incommode dans la fociété.

L'exemple de cette fenfibilité fympathique peut fervir à diminuer l'invraifemblance de *l'harmonie* & du *rapport* que le *Magnétifme animal* paroît établir entre le malade & le *Magnétifeur*; & c'eft à ce fujet que Kaau Boerhaave attefle qu'un homme peut, au moyen d'une pareille harmonie bien établie, devenir *un Dieu pour un autre homme*, en l'afferviffant à fes volontés. *Sic homo homini Deus eft.*

On trouve dans l'Ouvrage de M. le Marquis de ***, intitulé *Mémoires pour servir à l'histoire de l'établissement du Magnétisme animal*, plusieurs observations de cette nature sur les malades qu'il avoit mis en *Somnambulisme*.

Le premier auquel il lui arriva, à son grand étonnement, de procurer cet état, se trouva dans un si parfait *rapport* avec lui, qu'il suivoit exactement ses mouvemens, répétoit *hautement* différens airs que le Marquis chantoit *intérieurement*.

Cette singularité qui, dans les commencemens, paroissoit au-dessus de toute croyance, acquiert (indépendamment de la considération que mérite l'Auteur personnellement) une nouvelle autorité, par les exemples ci-dessus rapportés, & par le témoignagne des Auteurs qui ont parlé de cette espece de puissance sympathique.

Il n'y a pas jusqu'aux procédés employés par les *Magnétistes*, qui ne trouvent leur analogie & leur autorité dans le *Somnambulisme naturel*.

M. Pigatti faisoit cesser l'état de *Somnambulisme*, en promenant légerement l'extrémité des doigts sur les paupieres du *Somnambule*;

c'eft précifément la maniere employée par les *Magnétifeurs*.

On voit, dans l'Ouvrage de M. le Marquis de P***, qu'il faifoit à *fa volonté* changer de converfation à un de fes malades, en le détournant d'objets triftes, pour l'occuper de chofes plus confolantes.

« Lorfque je jugeois fes idées, dit l'Auteur, devoir l'affeǎer d'une maniere défagréable, je les *arrêtois* & cherchois à lui en *infpirer* de plus gaies : il ne falloit pas pour cela de grands efforts;.... alors je le voyois *content*, *imaginant tirer à un prix*, *danfer à une fête*, &c.

» Je *réuniffois* en lui ces idées, & par-là je le forçois de fe donner du mouvement fur fa chaife, comme pour *danfer fur un air*, &c.....».

On a eu l'injuftice de révoquer en doute ces phénomenes, fans faire attention qu'ils étoient d'avance confirmés dans l'Encyclopédie, *article Somnambule*.

L'Auteur de cet article, après avoir parlé d'une multitude de faits étonnans, obfervés chez le *Somnambule* dont il a été déjà queftion, continue ainfi :

« Ce même Somnambule a fourni un très-
» *grand nombre* de traits fort singuliers : ceux
» que je viens de rapporter peuvent suffire
» au but que nous nous sommes proposé.

» J'ajouterai seulement, que *lorsqu'on vou-*
» *loit lui faire changer de matiere, lui faire*
» *quitter des sujets tristes & désagréables,* on
» n'avoit qu'à lui passer une plume sur les le-
» vres ; & dans l'inftant il retomboit sur des
» *queftions tout à fait différentes.*

Cette conformité entre les deux récits sert
à les confirmer l'un par l'autre ; & s'il eft
encore permis, d'après ce double témoignage, de perfévérer dans sa surprise, au
moins il l'eft plus de perfévérer dans ses
soupçons.

Enfin, un dernier trait de reffemblance
entre les deux efpeces de Somnambule, c'eft
que le *réveil* enleve, dans l'un & dans l'autre,
jufqu'au moindre souvenir de ce qu'ils ont
fait ou dit pendant leur *fommeil.*

Je pourrois, en portant plus loin cette
difcuffion, rendre raifon de la *communication*
des penfées fans le fecours de la *voix* ni des
fignes ; il me feroit facile d'établir que cette
fingularité n'a rien de plus difficile à comprendre que celle dont nous avons parlé

ci-deſſus; qu'elle a été ſoupçonnée par les Phyſiologiſtes anciens; qu'elle eſt même indiquée dans des Ouvrages modernes de Médecins célebres : mais je crois inutile de m'étendre davantage ſur un phénomene avec lequel les eſprits ne ſont pas encore aſſez familiariſés.

Mon objet n'a point été de faire un Ouvrage complet où le *Somnambuliſme magnétique* fût traité à fond & dans toutes ſes parties; j'ai ſeulement voulu jeter quelques *apperçus* qui puſſent mettre les perſonnes judicieuſes ſur la *voie*, faire naître leurs réflexions, provoquer chez elles un doute philoſophique, & enfin les encourager à concourir, par leurs recherches & leurs obſervations, à la ſolution d'un problême auſſi intéreſſant pour l'humanité que pour le progrès des Sciences.

F I N.

www.ingramcontent.com/pod-product-compliance
Lightning Source LLC
Chambersburg PA
CBHW070804210326
41520CB00011B/1824